Das große Bilderlexikon der

Dinosaurier

Ein Dorling Kindersly Buch
www.dk.com

Originaltitel: Big Book of Dinosaurs

In neuer Rechtschreibung

Aus dem Englischen übersetzt
von Martin Kliche

2. Auflage 2001

Cover: Peter Weimann / OKAPIA
Rücktitel: Hans Reinhard / OKAPIA
ISBN 3-401-05147-4
D.L. TO: 2005-2001

Das große Bilderlexikon der
Dinosaurier

Angela Wilkes

Arena

Saltasaurus
Pachyrhinosaurus
Baryonyx
Styracosaurus
Tyrannosaurus
Stegosaurus

Iguanodon-hand

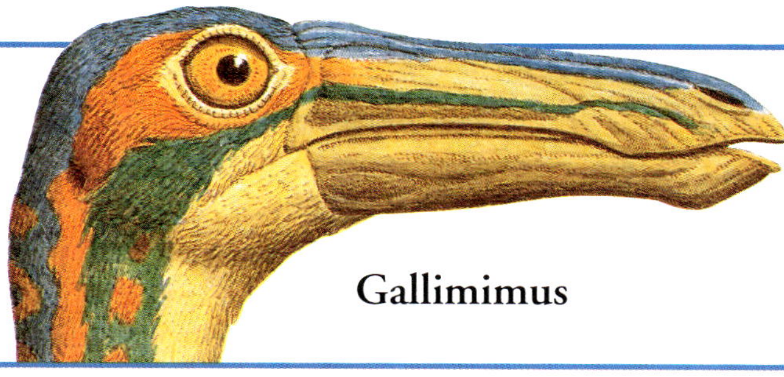

Gallimimus

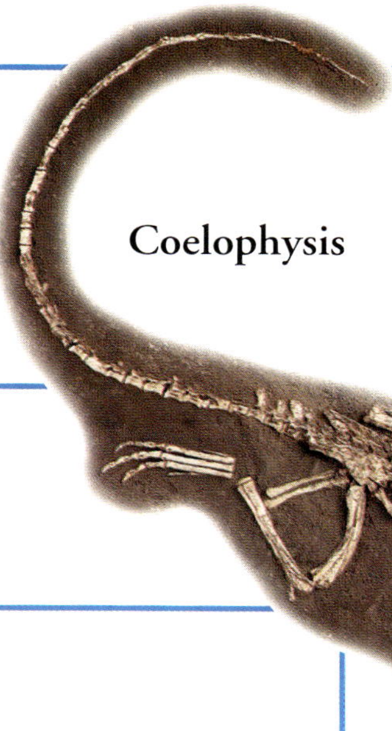

Coelophysis

Inhalt

Psittacosaurus

Kralle eines Baryonyx

Prenocephalus

Compsognathus

Megalosaurus-zahn

Oviraptor

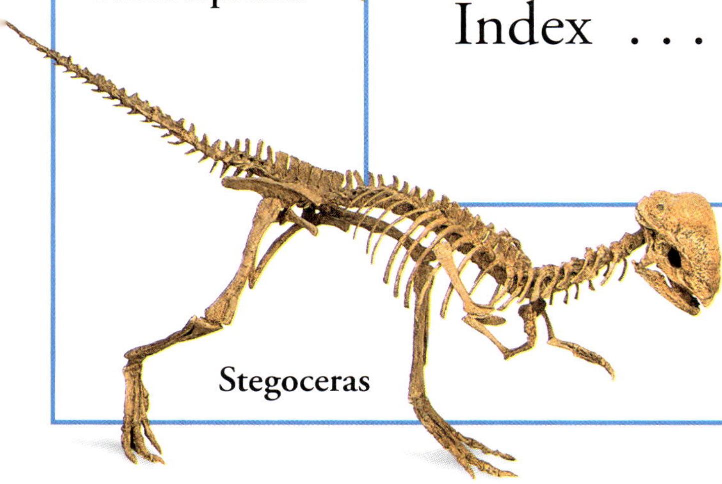

Stegoceras

Daumen eines Apatosaurus

Leällynasaurus

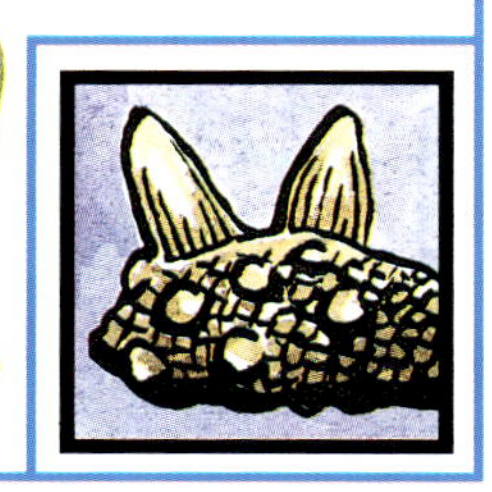

Dinosaurierspuren

In dieser Öffnung befanden sich die Augen des Dinosauriers.

Der riesige Kiefer und die scharfen Zähne zeigen, dass Tyrannosaurus ein gefürchteter Fleischfresser war.

Schädel eines Tyrannosaurus

Spuren in die Vergangenheit

Woher wissen wir so viel über Dinosaurier, obwohl die letzten bereits vor vielen Millionen Jahren ausstarben? Forscher suchen nach versteinerten (fossilen) Überresten von Knochen und Zähnen, die im harten Gestein verborgen sind. Diese Spuren verraten ihnen viel Wissenswertes über Dinosaurier.

Mit dem kräftigen Schwanz wird der Körper ausbalanciert.

Schwanzwirbel

Fußknochen

mächtige Kralle

Rekonstruktion eines Dinosauriers

Aus den versteinerten Knochen von Dinosauriern können Wissenschaftler ein lebensgroßes Skelett nachbauen. Fehlende Knochen werden durch Ersatzteile ergänzt.

Vergleich mit lebenden Tieren

Dinosaurier waren Reptilien wie zum Beispiel Leguane und Krokodile. Sie besaßen eine Schuppenhaut und legten Eier. Im Gegensatz zu heute noch lebenden Reptilien waren ihre Beine nicht abgespreizt.

Von Angesicht zu Angesicht

Bildergalerie

Alle hier gezeigten Dinosaurier waren von unterschiedlicher Gestalt und Größe. Einige besaßen Stacheln zur Verteidigung, andere schützten sich mit knöchernen Buckeln, einige hatten viele scharfe Zähne, während andere überhaupt keine Zähne besaßen.

Euoplocephalus

Euoplocephalus war ein gepanzerter Dinosaurier. Seine lederne Haut war mit knöchernen Buckeln und Höckern bedeckt.

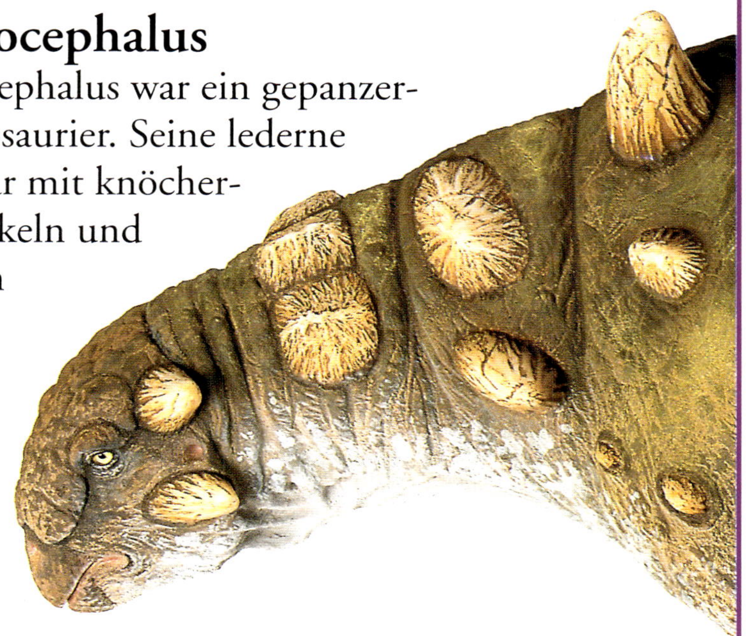

Corythosaurus

Der Entenschnabelsaurier besaß einen Knochenkamm auf dem Schädel, der einem auf der Kante stehenden Teller ähnelte.

Triceratops

Der große Pflanzenfresser hatte eine Halskrause mit drei spitzen Hörnern.

Stegosaurus

Dieser Pflanzenfresser hatte auf dem Rücken zwei Reihen Knochenplatten.

Oviraptor

Oviraptor war ein zweibeiniger Jäger mit einem seltsamen Schnabel und Knochenkamm auf dem Schädel.

zahnloser Schnabel

Gallimimus

Dieser Dinosaurier erinnert mit seinem schnabelförmigen Gesicht und dem langen Hals an einen Strauß.

Compsognathus

Der wilde und winzige Compsognathus war etwa so groß wie ein Huhn.

Lesothosaurus

Dieser kleine Dinosaurier war ein flinker Läufer.

Edmontonia

Er besaß eine harte Panzerung aus Knochenplatten sowie spitze Stacheln.

Iguanodon

Iguanodon war ein großer, Pflanzen fressender Dinosaurier. Er besaß kräftige Zähne und einen Daumendorn.

Pachycephalosaurus

Dieser Dinosaurier hatte einen seltsamen, knöchernen Schädel, der wie ein Sturzhelm aussah.

Barosaurus

Der Hals dieses gigantischen Pflanzenfressers konnte über neun Meter lang werden.

Schnell und gefürchtet

Deinonychus

Deinonychus war ein schneller und sehr gefürchteter Dinosaurier. Seine Beute attackierte er mit den langen, gekrümmten Krallen seiner Füße. Er besaß scharfe Zähne, mit denen er Fleischbrocken herausriss.

Troodon

Dieser flinke Dinosaurier hatte das vergleichsweise größte Gehirn. Dank seiner großen Augen konnte er auch nachts Beute jagen.

Dromäosaurus

Der Schädel zeigt die kräftigen Kiefer eines Dromäosaurus mit sägeartigen Zähnen.

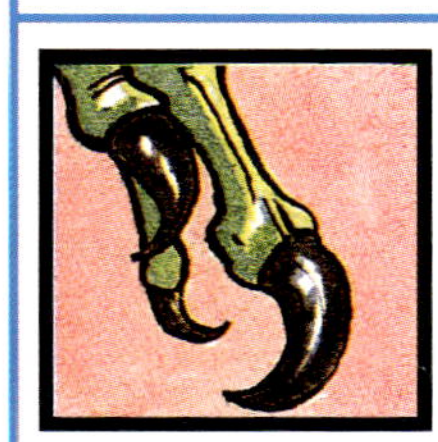

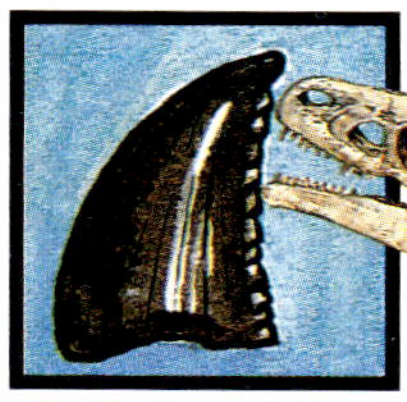

Ornitholestes

Ornitholestes war leicht und schnell und besaß einen sehr langen Schwanz. Wahrscheinlich jagte er kleinere Reptilien.

Mit seinem langen Schwanz hielt Herrerasaurus sein Gleichgewicht.

Herrerasaurus

Herrerasaurus lebte vor 225 Millionen Jahren und war einer der ersten Dinosaurier. Er war so groß wie ein Kleinwagen und besaß scharfe Zähne und Krallen.

Was glaubst du, wozu Herrerasaurus seine starken, krummen Krallen benutzte?

Compsognathus besaß einen schmalen Kopf.

Compsognathus

Compsognathus lebte vor 150 Millionen Jahren und wurde etwa so groß wie ein Huhn. Er war ein flinker Raubsaurier, der sich von kleinen Echsen und Insekten ernährte.

Mit seinen langen Beinen und Füßen konnte Compsognathus sehr schnell laufen.

Vogelähnliche Dinosaurier

Ornithomimus

Ornithomimus war ein zahnloser, vogelähnlicher Dinosaurier. Er besaß einen kleinen Kopf, einen langen, dünnen Hals und einen großen Schnabel. Er hatte sehr starke Hinterbeine. Kannst du dir vorstellen, warum?

Struthiomimus

Struthiomimus sah wie ein Strauß aus, hatte jedoch keine Federn.

Archäopteryx

Das ist der älteste bekannte Vogel. Er besaß wie Reptilien Zähne und Schwanz, hatte jedoch auch Federn wie ein Vogel.

Gallimimus

Gallimimus ähnelte einem großen Strauß und konnte so schnell wie ein Rennpferd laufen. Er ernährte sich wahrscheinlich von Insekten und Echsen genauso wie von einigen Pflanzen.

Oviraptor

Oviraptor heißt „Eierdieb“. Vermutlich hat er Eier von Hornsauriern gestohlen und gefressen.

Dromiceiomimus

Auch dieser Dinosaurier sah aus wie ein Strauß. Im Gegensatz zum Strauß hatten diese Dinosaurier aber Arme und Hände mit Krallen.

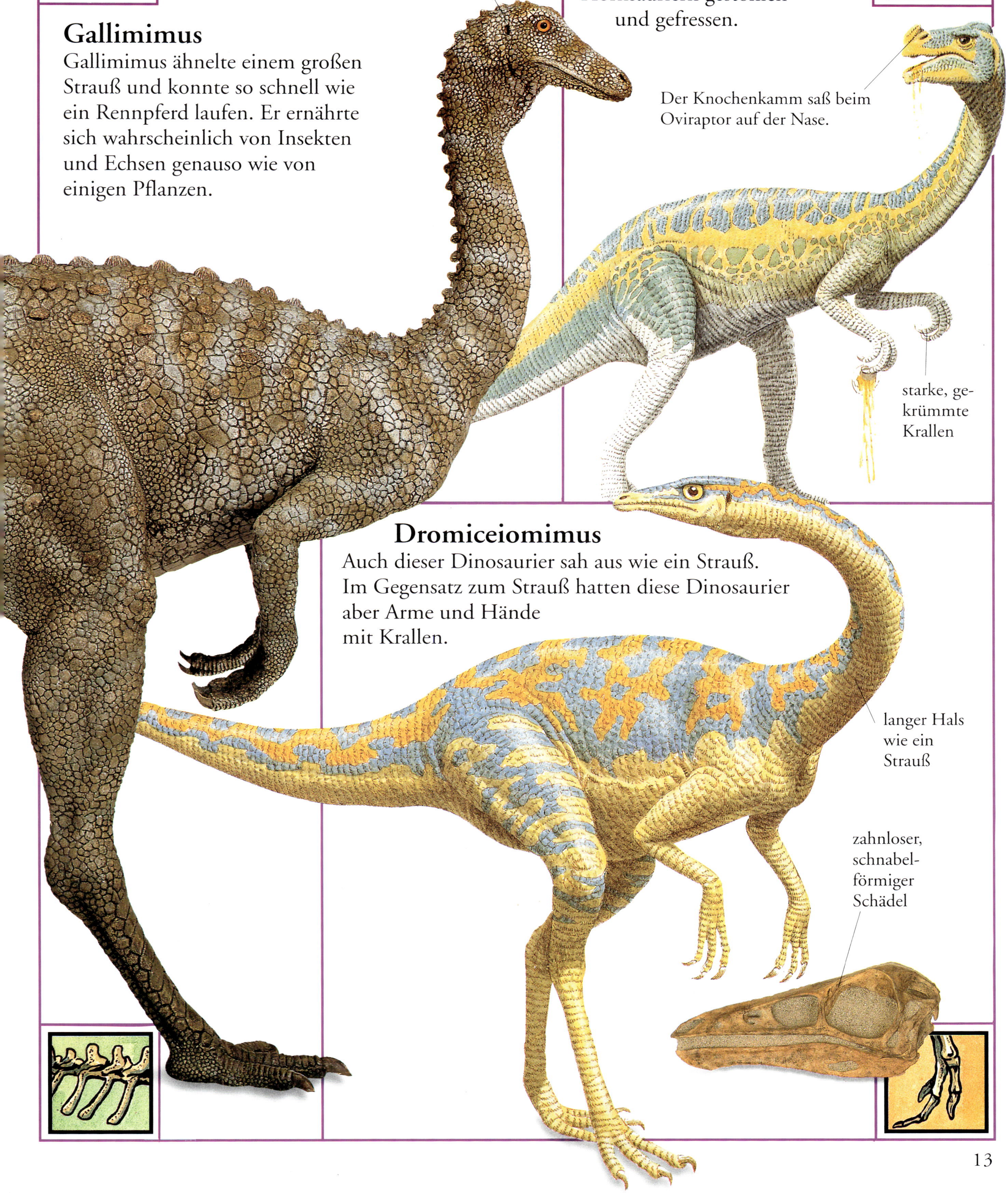

Furcht erregende Zähne

Tyrannosaurus

Forscher können an Hand der Zähne feststellen, welche Nahrung ein Tier frisst. Tyrannosaurus besaß riesige Kiefer, die er sehr weit öffnen konnte, und lange, sägeartige Zähne. Wovon hat er sich wohl ernährt?

Megalosaurus

Seine Zähne waren wie Dolche gekrümmt. Wenn ein alter Zahn heraus-brach, wuchs ein neuer nach.

versteinerter Zahn eines Megalosaurus

Die Augen des Tyrannosaurus waren nach vorne gerichtet. Somit konnte er auf der Jagd Entfernungen leichter abschätzen.

Diese Kiefer sind stark genug, um Knochen zu brechen.

Die Zähne des Tyrannosaurus waren so lang wie ein Küchen-messer.

Allosaurus

Allosaurus war ein grausamer Fleischfresser. Seine Zähne waren scharf und sägeartig, die tief in das Fleisch der Beute einschnitten. Sie waren nach hinten gebogen, damit der Allosaurus seine Beute festhalten konnte.

Diplodocus

Diplodocus war ein gewaltiger Pflanzenfresser. Er besaß dünne, stiftartige Zähne, mit denen er Blätter und Farnwedel von Pflanzen fraß.

Compsognathus

Der kleine Fleischfresser hatte kleine scharfe Zähne. Wahrscheinlich fraß er große Insekten und Eidechsen.

Heterodontosaurus

Heterodontosaurus war ein ungewöhnlicher Pflanzenfresser. Er besaß einen Schnabel aus Horn und drei verschiedene Zahnarten zum Beißen und Kauen.

Mächtige Fleischfresser

Der Kopf eines Carnotaurus gleicht einem Stierkopf.

Carnotaurus

Die wildesten Dinosaurier waren die zweibeinigen Fleischfresser wie Carnotaurus. Er hatte einen großen Schädel, starke Beine und kurze Arme. Er jagte andere Dinosaurier oder ernährte sich von Aas.

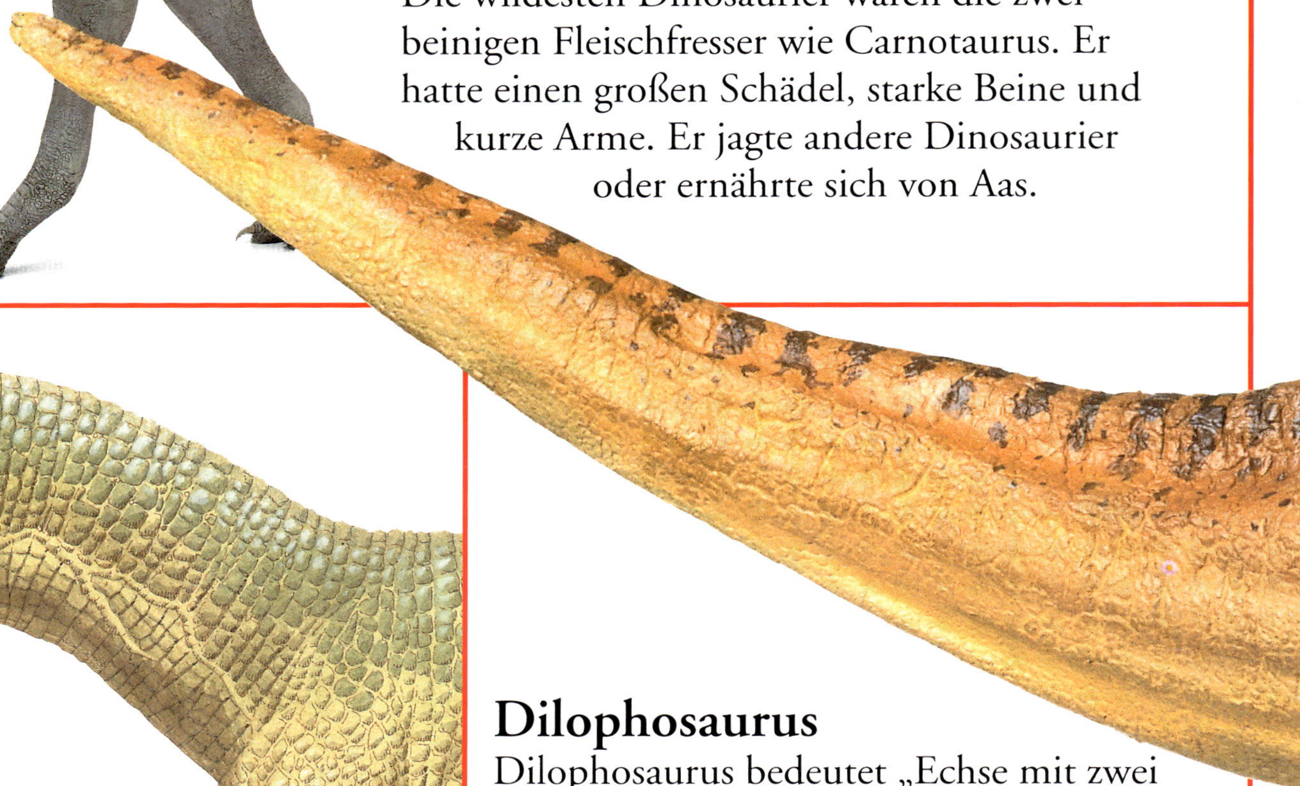

Allosaurus

Der Allosaurus lebte vor etwa 150 Millionen Jahren in Nordamerika. Er jagte und fraß große Pflanzenfresser wie Diplodocus.

Dilophosaurus

Dilophosaurus bedeutet „Echse mit zwei Kämmen". Er erhielt seinen Namen von den beiden Knochenkämmen auf dem Kopf, die wie Platten aussehen, die auf der Kante stehen.

Ceratosaurus

Ceratosaurus hatte einen kurzen Hals und einen riesigen Kopf mit einem knöchernen Nasenhorn.

Mit seinen langen Zähnen und scharfen Krallen griff der Dilophosaurus an.

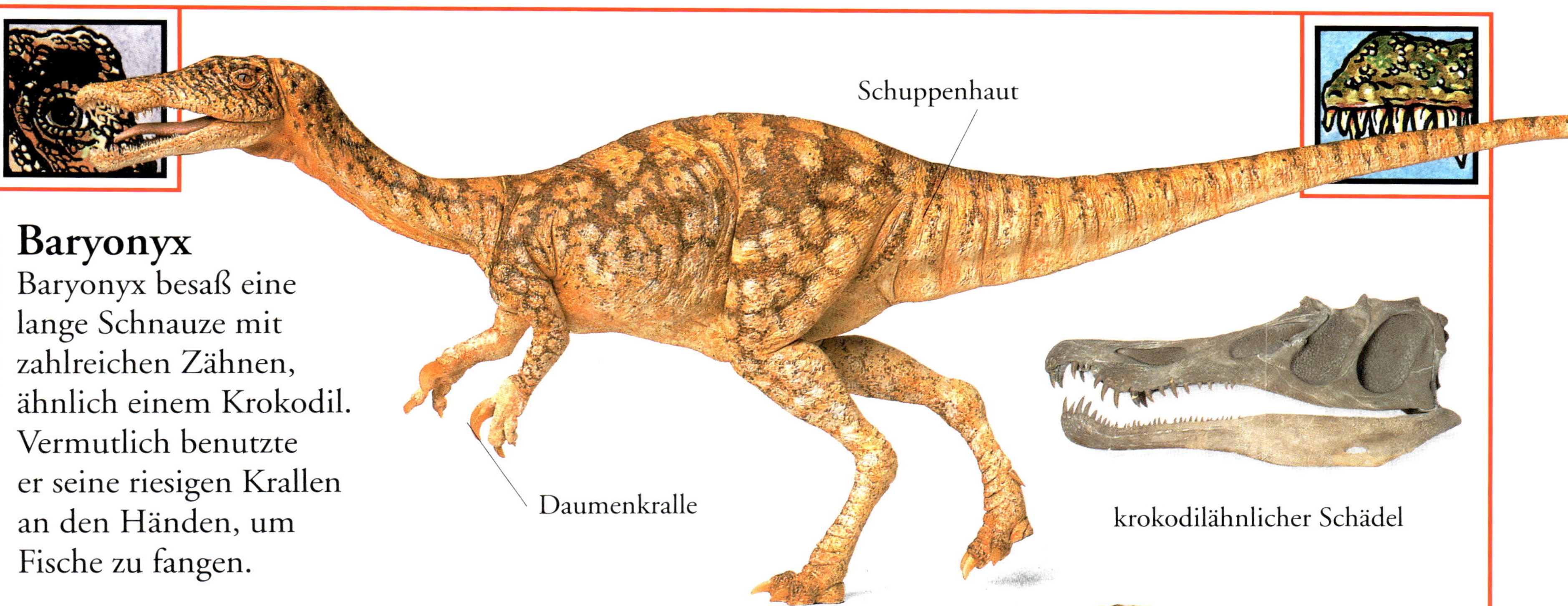

Baryonyx

Baryonyx besaß eine lange Schnauze mit zahlreichen Zähnen, ähnlich einem Krokodil. Vermutlich benutzte er seine riesigen Krallen an den Händen, um Fische zu fangen.

krokodilähnlicher Schädel

Die massiven Kiefer des Tyrannosaurus entblößen ihre Reißzähne, während er sich auf ein Opfer stürzt.

Tyrannosaurus

Tyrannosaurus war der größte und stärkste Fleischfresser aller Zeiten – fast so groß wie ein zweistöckiges Haus. Obwohl er sehr viel wog, konnte er vermutlich über kurze Strecken schnell laufen, um langsamere Dinosaurier einzufangen.

Die Größten auf der Erde

Apatosaurus

Er besaß Stiftzähne, mit denen er Blätter abrupfte. Apatosaurus war so groß, dass er wahrscheinlich den ganzen Tag fressen musste, um seinen Energiebedarf zu decken.

Mamenchisaurus

Mamenchisaurus hatte den längsten Hals aller Tiere – bis zu 15 Meter lang und damit fast dreimal so lang wie ein Giraffenhals.

Der lange Schwanz wurde aufrecht über dem Boden getragen.

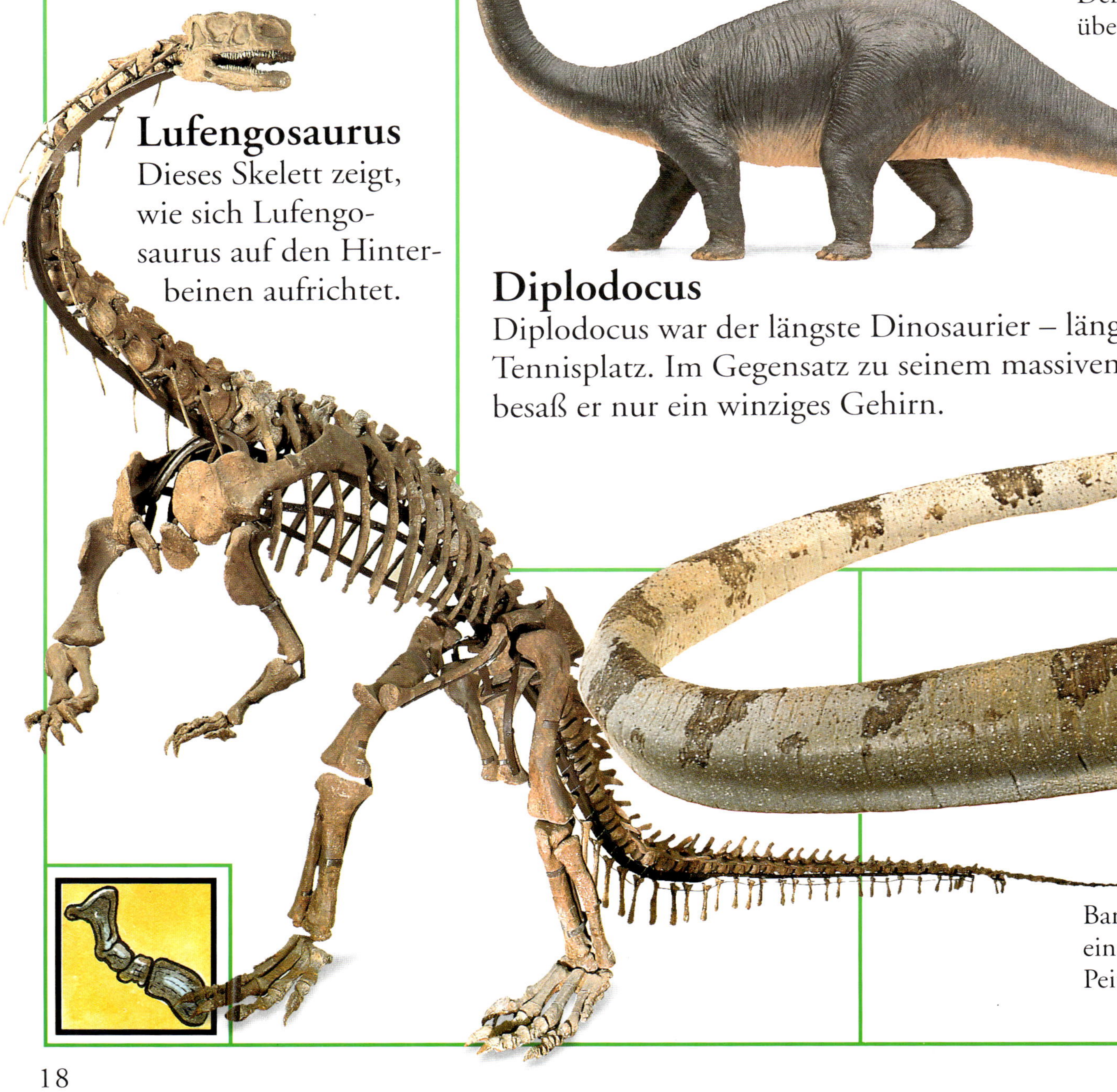

Lufengosaurus

Dieses Skelett zeigt, wie sich Lufengosaurus auf den Hinterbeinen aufrichtet.

Diplodocus

Diplodocus war der längste Dinosaurier – länger als ein Tennisplatz. Im Gegensatz zu seinem massiven Körper besaß er nur ein winziges Gehirn.

Barosaurus besaß einen starken Peitschenschwanz.

Plateosaurus

Er war stets auf Futtersuche, um seinen massigen Körper zu sättigen.

Saltasaurus

Er schützte seinen Rücken und seine Flanken mit knöchernen Platten und Buckeln unter der Haut.

Kannst du dir vorstellen, warum Saltasaurus seine Panzerplatten benötigte?

langer, aufsteigender Hals

Barosaurus

Barosaurus erreichte die größte Höhe. Er konnte von Baumwipfeln fressen, die so hoch wie ein fünfstöckiges Haus waren. Manche Forscher vermuten, dass er wegen seiner Größe acht Herzen hatte.

Der schwere Hals des Barosaurus wurde durch kräftige Wirbel und Rippen gestützt.

Gepanzerte Riesen

Kentrosaurus

Kentrosaurus war ein Pflanzenfresser, der sich nur langsam fortbewegte. Auf seinem Rücken besaß er Knochenplatten und Stacheln. Mit den Stacheln auf seiner Hüfte schützte er sich vor Angreifern.

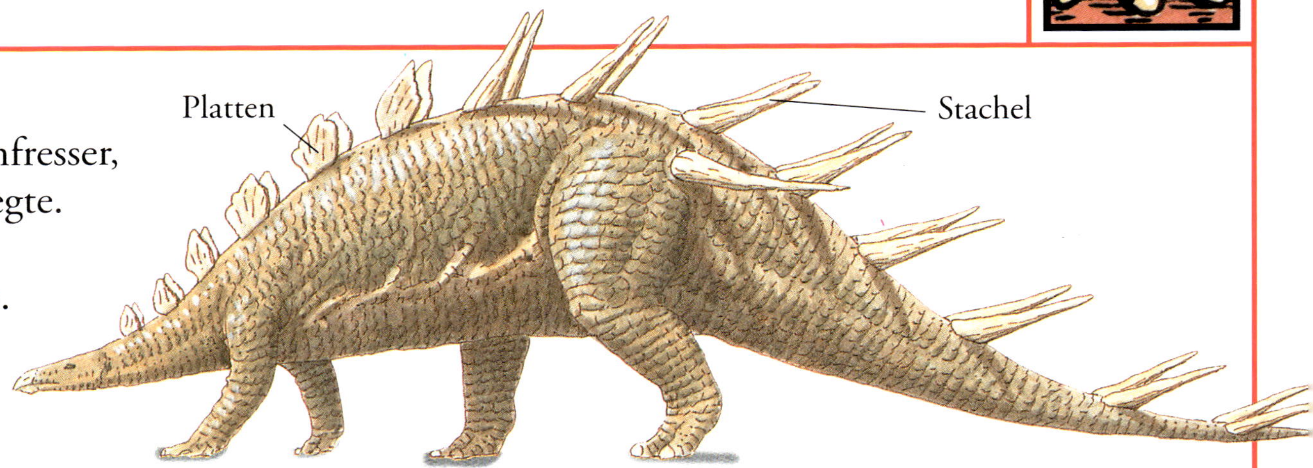

Minmi

Minmi war ein kleiner Dinosaurier, der in Australien lebte. Er war sowohl auf dem Rücken als auch am Bauch durch Knochenplatten sehr gut geschützt.

Stegosaurus

Stegosaurus war der größte gepanzerte Dinosaurier. Er bewegte sich langsam vorwärts und ernährte sich von Pflanzen. Gegen Angriffe hungriger Fleischfresser setzte er seinen stachelbesetzten Schwanz wie eine Keule ein.

Euoplocephalus

Er hatte wie viele andere gepanzerte Saurier eine Lederhaut, die mit Knochenplatten durchsetzt war.

Scelidosaurus

Auf dem Hals und Rücken des Scelidosaurus saßen in mehreren Reihen geriffelte Knochenhöcker.

Edmontonia

Seine dicke Körperpanzerung war so hart, dass er sogar vor gefürchteten Fleischfressern geschützt war.

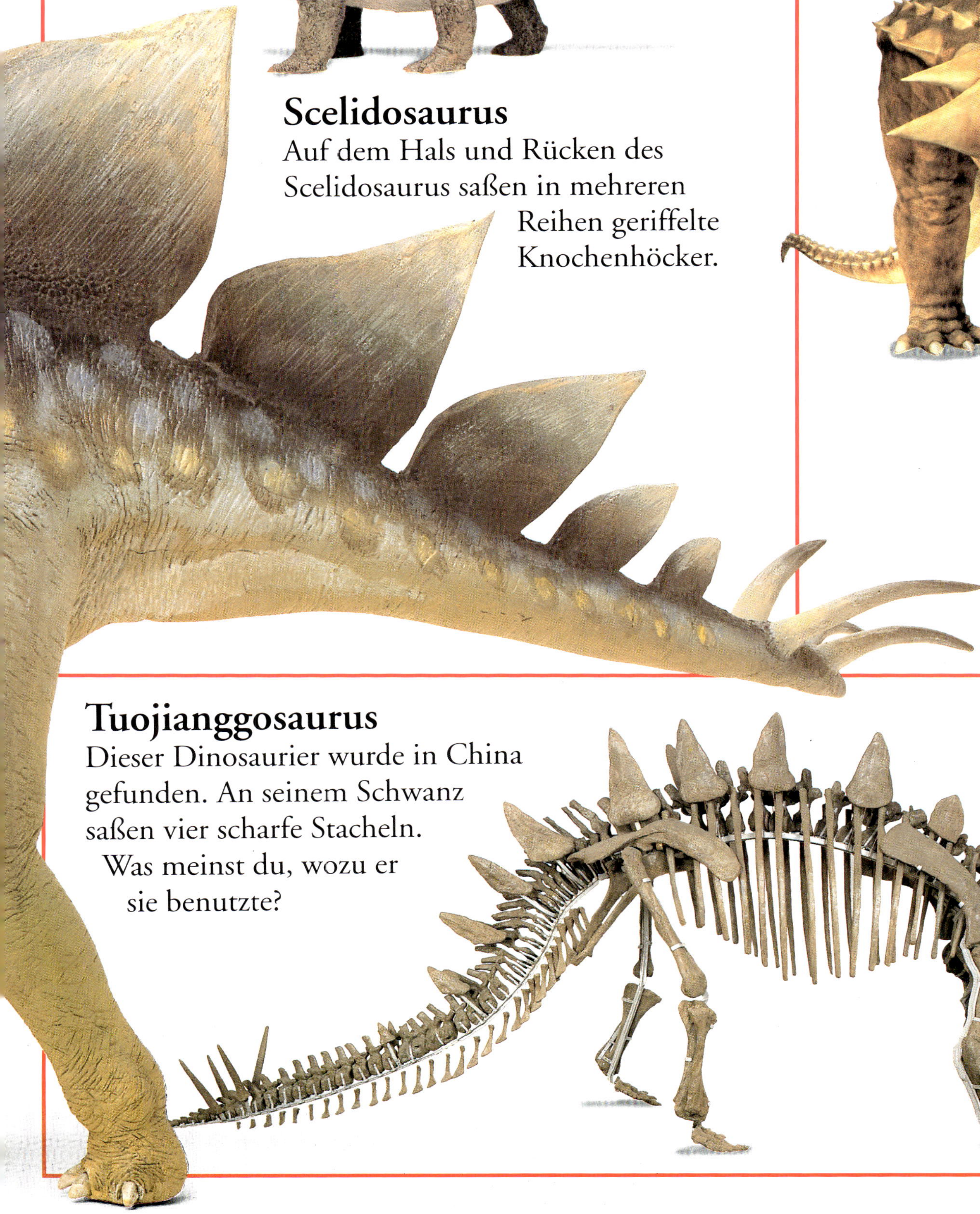

Tuojianggosaurus

Dieser Dinosaurier wurde in China gefunden. An seinem Schwanz saßen vier scharfe Stacheln. Was meinst du, wozu er sie benutzte?

Pflanzenfresser

Lesothosaurus

Lesothosaurus war ein schmaler Dinosaurier, der nicht viel größer als ein Hund wurde. Er glich einer Echse, die auf den Hinterbeinen stand.

lange Zehen mit scharfen Krallen

Heterodontosaurus benutzte seine Hände wahrscheinlich, um im Sand nach Wurzeln zu graben oder um Insektennester zu öffnen.

An jedem Fuß waren drei lange Zehen.

Heterodontosaurus

Heterodontosaurus war klein und ernährte sich wahrscheinlich von Pflanzen und Wurzeln. Er konnte sehr schnell laufen, um hungrigen Fleischfressern zu entkommen.

Hypsilophodon

Hypsilophodon war ein ungemein flinker Dinosaurier. Er graste in Herden, die ihm mehr Schutz boten, als wenn er allein umherzog.

Die Spitze des Mauls von Iguanodon war wie ein Schnabel geformt.

Iguanodon

Einer der bekanntesten Dinosaurier, Iguanodon, war viel größer als die meisten anderen Pflanzenfresser. Er konnte wahrscheinlich sowohl auf zwei als auch auf vier Beinen laufen.

Iguanodon besaß eigenartige Daumendornen, die er wohl zur Verteidigung einsetzte.

Mit seinem Schwanz balancierte Iguanodon seinen schweren Körper aus.

An den langen Beinen kann man erkennen, dass Hypsilophodon ein schneller Läufer war.

Entenschnabelsaurier

Edmontosaurus besaß kräftige Kiefer und hunderte von Zähnen, mit denen er auch harte Blätter zerkleinern konnte.

Edmontosaurus

Er wanderte langsam in Herden umher. Wie andere Entenschnabelsaurier ernährte er sich von Pflanzen.

Saurolophus

Saurolophus besaß zwischen Schnabel und Kamm eine Hautfalte. Vermutlich stieß er damit laute, schnatternde Schreie aus.

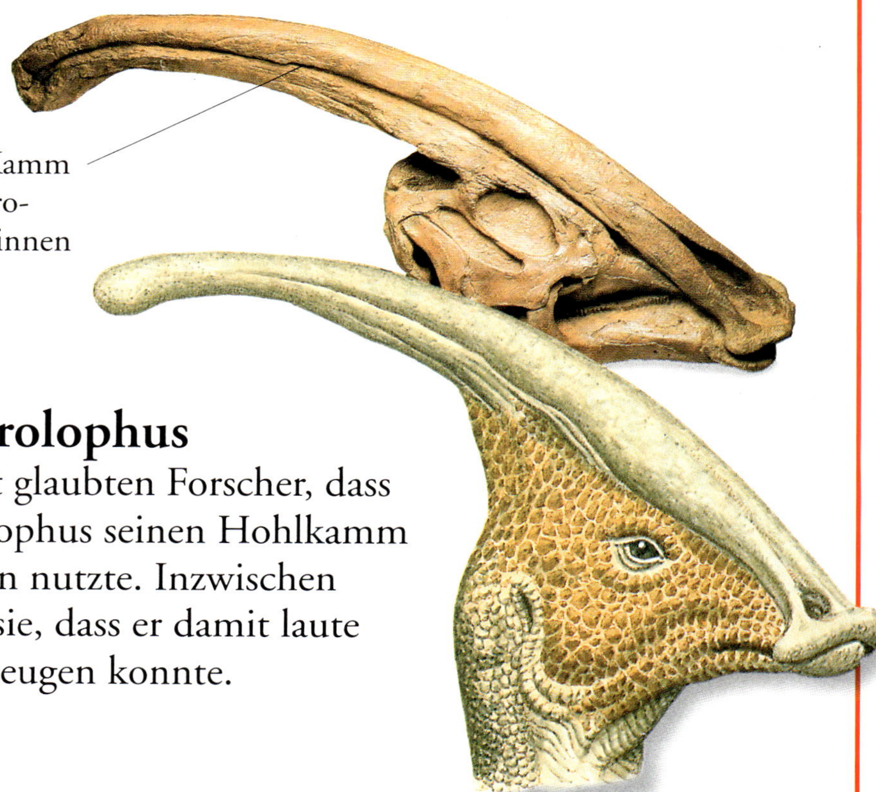

Der lange Kamm des Parasaurolophus war innen hohl.

Parasaurolophus

Lange Zeit glaubten Forscher, dass Parasaurolophus seinen Hohlkamm zum Atmen nutzte. Inzwischen vermuten sie, dass er damit laute Schreie erzeugen konnte.

Shantungosaurus

Shantungosaurus war wahrscheinlich der größte Entenschnabelsaurier.

Lambeosaurus

Sein Schnabel sah aus wie der einer Ente. Er besaß außerdem einen hohlen, beilförmigen Kamm.

Corythosaurus

Corythosaurus heißt „Helmechse“. Auf seinem Kopf saß ein dünner, flacher Kamm. Er diente wahrscheinlich dazu, dass sich diese Dinosaurier untereinander erkannten.

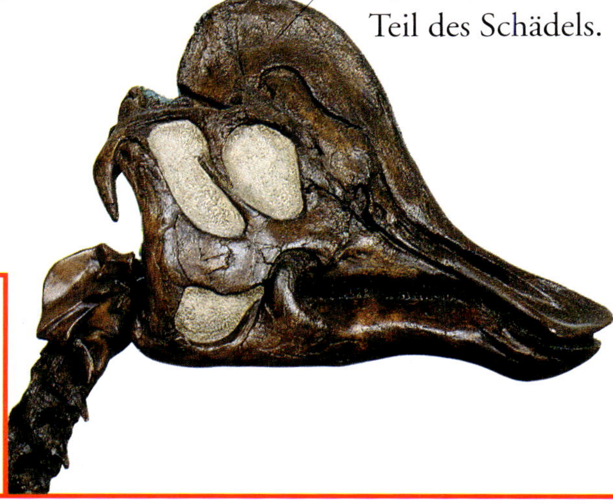

Schädelkuppeln und Hörner

Styracosaurus

Styracosaurus besaß ein Nasenhorn. An seiner Halskrause saßen spitze Kragenstacheln.

Psittacosaurus

Dieser frühe Dinosaurier wurde „Papageienechse“ genannt, weil sein Schnabel dem von Papageien glich.

Stegoceras

Er besaß eine Schädelkuppel, die wie ein Ei geformt war. Mit seinem starren Schwanz balancierte er das Gewicht seines Körpers aus.

Triceratops

Triceratops ähnelte einem riesigen Rhinozeros mit einem schweren Schädel, auf dem drei Hörner saßen. Dieser Pflanzenfresser benutzte die wild aussehenden Hörner wahrscheinlich zur Abwehr von Fleischfressern.

Pachycephalosaurus

Seine Schädelkuppel glich einem „Sturzhelm“. Bei Kämpfen untereinander rammten sie den Schädel gegen den des anderen.

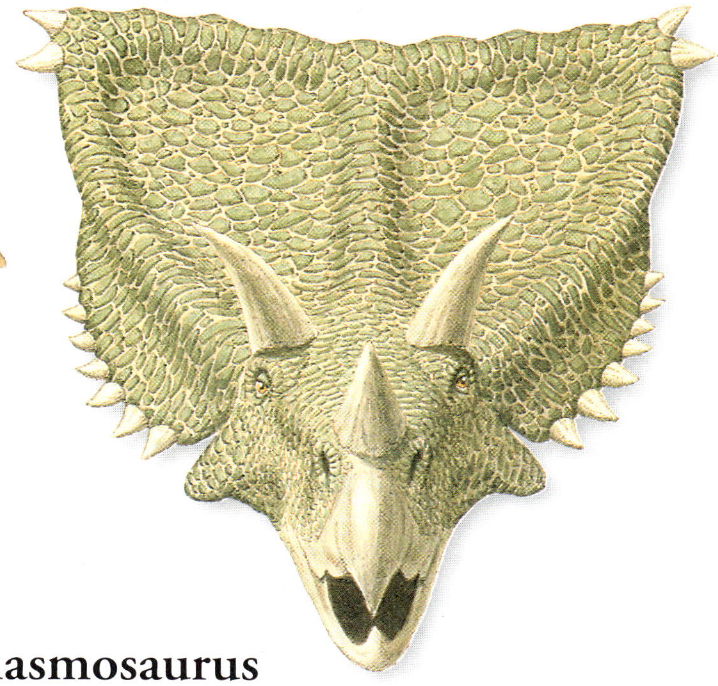

Chasmosaurus

Chasmosaurus besaß eine Halskrause, die weit über die Schultern hinausragte. Er besaß ein Nasenhorn und zwei Hörner über den Augen. Wozu brauchte er diese wohl?

Pachyrhinosaurus

In der Mitte des Kragens besaß Pachyrhinosaurus ein kleines Horn.

Kinderstube der Dinosaurier

Orodromeus

Dieses Modell zeigt, wie die Jungen eines Orodromeus schlüpfen. In Nordamerika wurden versteinerte Eier dieses kleinen, zweibeinigen Pflanzenfressers entdeckt.

Nistkolonien

Dinosaurier legten wie Reptilien und Vögel Eier. Forscher haben versteinerte Eier, Nester und Jungtiere vom Entenschnabelsaurier Maiasaurus gefunden. Mehrere weibliche Dinosaurier bauten ihre Nester nebeneinander und sorgten für die Jungen, nachdem diese geschlüpft waren.

Die Nester wurden in einer Erdmulde gebaut und mit Pflanzenteilen bedeckt.

Protoceratops

Er legte Eier, die wie große Kartoffeln aussahen. Sie wurden kreisförmig in einer Sandmulde abgelegt.

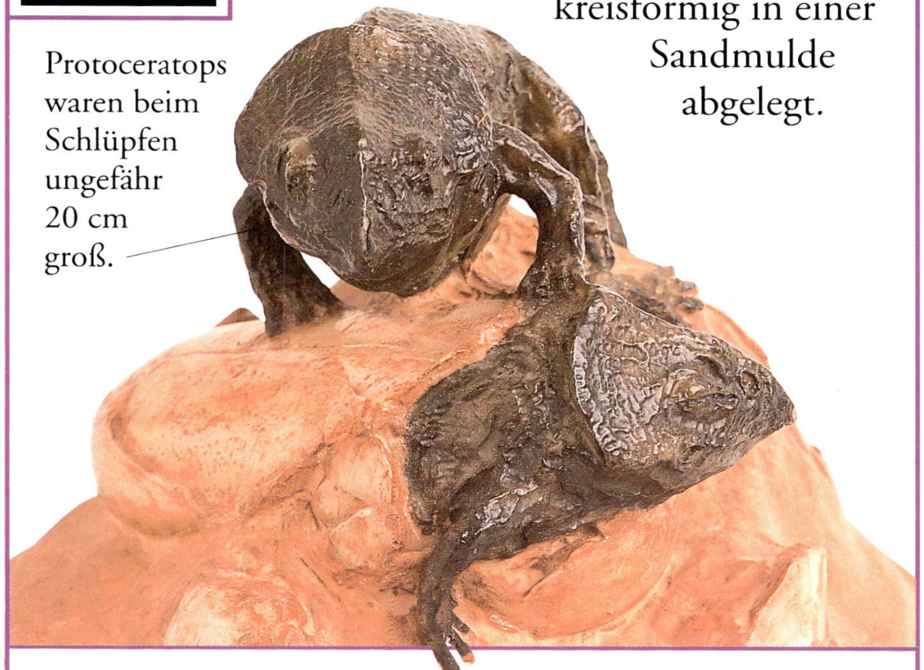

Protoceratops waren beim Schlüpfen ungefähr 20 cm groß.

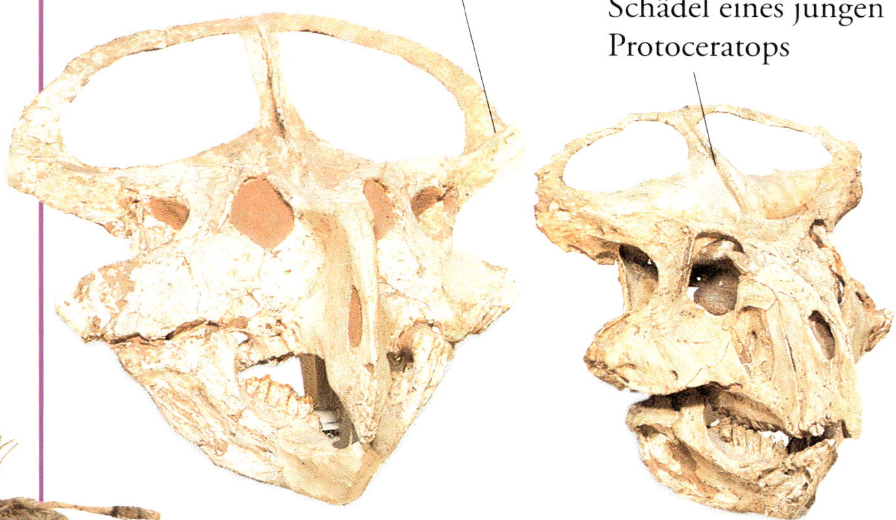

Schädel eines Protoceratops

Schädel eines jungen Protoceratops

Schutz der Jungen

Versteinerte Fußspuren großer Pflanzenfresser belegen, dass sie in Herden umherzogen. Die erwachsenen Tiere schützten die Jungen, so wie Elefanten das heute auch tun.

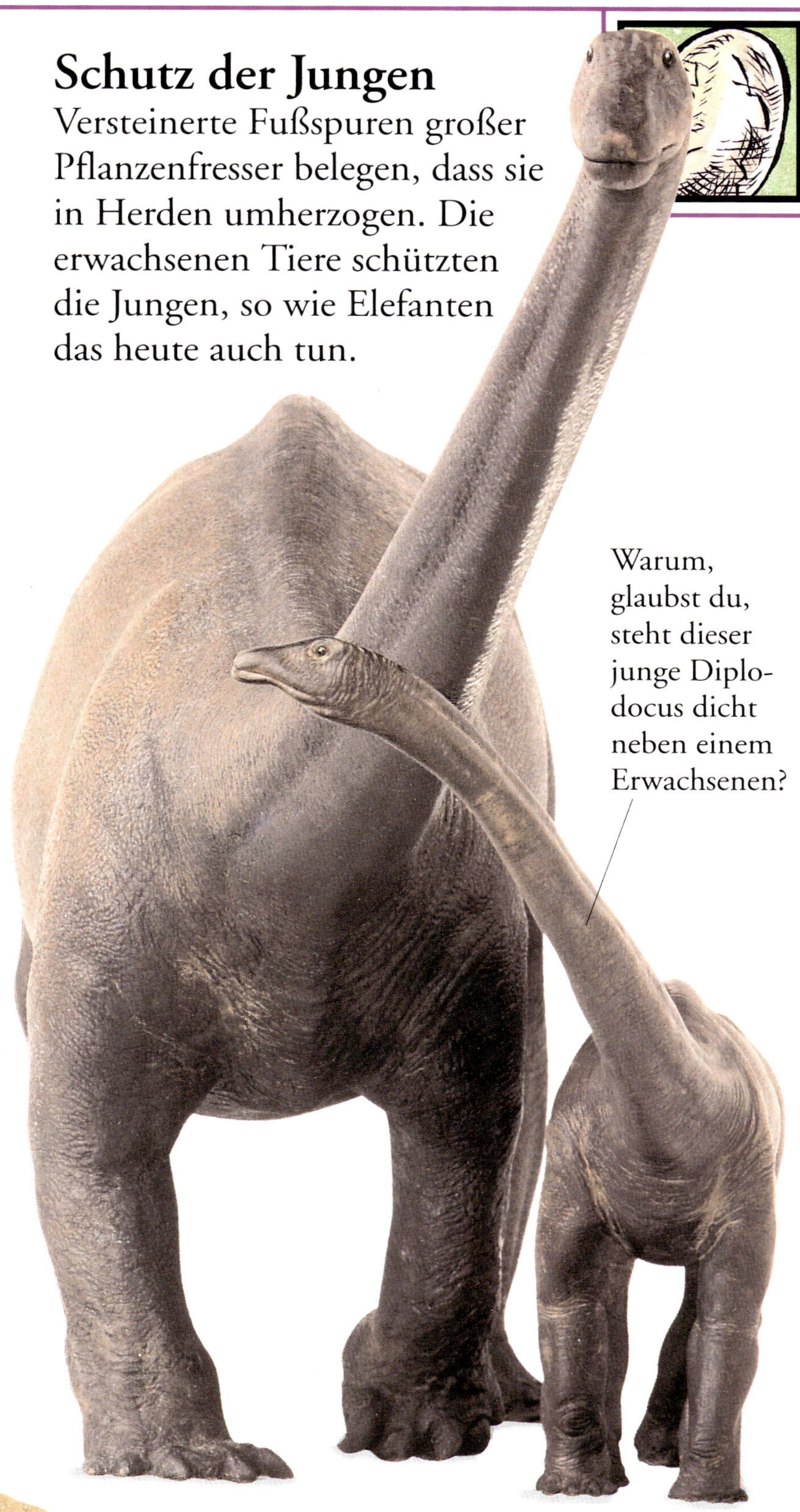

Warum, glaubst du, steht dieser junge Diplodocus dicht neben einem Erwachsenen?

Die Eier von Maiasaura waren birnenförmig und so groß wie dein Kopf.

Größenvergleich

Vom Riesen zum Winzling

Viele Menschen glauben, dass alle Dinosaurier riesig groß waren. Tatsächlich kamen sie jedoch in allen Formen und Größen vor, vom gigantischen Barosaurus bis zum winzigen Compsognathus.

Hast du irgendeinen dieser Dinosaurier in dem Buch bereits gefunden?

Barosaurus
23–27 Meter lang
Tyrannosaurus
12 Meter lang
Euoplocephalus
7 Meter lang
Compsognathus
70 Zentimeter lang
Triceratops
9 Meter lang
Gallimimus
6 Meter lang

Index